U0119341

IL PRINCIPE
DI
NICCOLO
MACHIAVELLI

漫畫

征服人心 先抓住人性的「君王論」

馬基維利 Niccolo Machiavelli
[原著]

青木健生
[劇本]

幸田廣信
[漫畫]

葉韋利
[翻譯]

目次

第1章 課長也是君王？ 5
課長該學的馬基維利主義 point 1 君王必須是百分之百的務實主義者。 31

第2章 君王要冷酷!? 33
課長該學的馬基維利主義 point 2 君王與其受人愛戴，不如令人懼怕。 63

第3章 君王的工作術 65
課長該學的馬基維利主義 point 3 君王應以偉大的事業當作示人的典範。 95

第4章 君王的「恩威並濟」 97
課長該學的馬基維利主義 point 4 讓其他人「認為」君王若具備恢宏的氣質，是很有幫助的。 127

第5章 守住「領土」！ 129
課長該學的馬基維利主義 point 5 君王主動扮演施恩的角色，招人怨恨的行為就交給其他人去做。 161

第6章 機運及力量 163
課長該學的馬基維利主義 point 6 君王的「力量」將影響維持領土的難度。 189

參考文獻 191

主要登場人物

武智光希

47歲

從外資公司跳槽到ODAC，擔任掌管商品開發、工廠、營業等業務的取締役本部長（譯註：相當於總經理）。身材高挑的單身美女。

木之下秀斗

37歲

任職於零食商ODAC。個性穩重，鮮少發脾氣。非常老實，有時卻顯得懦弱。

柴田勝彥

48歲

ODAC商品開發部部長。體格強健，在高中、大學都打過橄欖球。

小田桐信示

46歲

小田桐正巳的姪子，ODAC專務。進入膝下無子的叔父公司，晉升非常快，四十歲時已任現職。

小田桐正巳

72歲

ODAC第二代社長。為了重振公司業績，透過商場上的舊識介紹，延攬武智光希。

木之下奈奈

35歲

木之下秀斗的妻子，育有二子。目前為家庭主婦。

小西由希

27歲

石田充

31歲

加藤清高

32歲

分派到新成立的商品開發3課。

第1章

課長也是君王？

中型零食商
ODAC 總公司
ODAC
ガヤガヤ
人聲嘈雜
唔!!
我……我要當，
課長——!?
ODAC 商品開發部 1 課　股長
木之下秀斗（37 歲）

喂喂喂，別那麼大聲嚷嚷……等人事命令下來再激動啊！
商品開發部　部長
柴田勝彥（48 歲）
我們公司這幾年沒出什麼暢銷的商品。
為了開發出熱賣的巧克力零食，公司決定下個月擴編一個課。
KULLUN
SWEETIE
Fan
負責帶領這個新部門的人，就是你啦！
…………！
你們幾個也會調過去，好好幫忙木之下呀。
好的！
不到四十就當上課長啊……

這樣算快的嗎!?
加藤清高（32 歲）
隨便啦。反正不管誰當主管，只要做自己分內的工作就對了。
石田充（31 歲）
……
小西由希（27 歲）
我要當課長了嗎——!?

這代表你過去的努力獲得認同，不是很好嗎！
我除了勤奮之外還有其他長處嗎？
不枉費你十四年來的勤奮工作。
這……其他同事也一樣呀。
總覺得自己不適合待在管理階層，而且根本完全沒經驗。
結果，現在卻比同期同事先當上課長……？
適不適合擔任領導，這種事也要做了才知道吧？
木之下奈奈
（35歲）

但我不是帶領眾人的料子啊，做事情也不夠果決……
えーと…
呃——
爸爸，快抽啦！
快點呀，快點呀！
再、再讓我想想嘛……
這張嗎……
什麼!?
啊！抽到鬼牌了！露出馬腳——！
沒……我才沒抽到咧!!
………

……!!
ODAC
商品開發部 3 課　課長
木之下秀斗
ODAC
商品開發部 3 課　課長
木之下秀斗
ODAC
終…終於，
從今天起……
ゴク…
緊張
我成了課長——
這個課的負責人!!

木之下課長，可以幫我看一下這份企劃嗎？
全課裡最熱血的男子，加藤──
內容哪裡怪怪的，卻不好開口※指摘他……
還、還不錯嘛……？你自己統整一下吧。
……
哦……
企劃案應該可以等到聽過工廠跟業務的意見再來判斷吧……

商品開發3課已經成立超過兩個月了……
究竟何時才能拿出成果啊？
其他課陸續通過了不少企劃……
トントン
輕彈
就只有3課什麼都沒有。

這個部門可是集結了菁英……這樣下去根本失去了新設立的意義嘛!!
我看問題該不是出在你缺乏領導能力吧!?
這……!!!
キィ…
咿呀
不適合當課長嗎!?
よろ…
消沉
果然我——

会議室
使用中
我們產品開發3課，差不多也該——
提出一些好的企劃案了……
但是每次工廠那邊都說「這種東西做不出來」……
不就沒辦法通過嗎？
其實我也想提出好的企劃呀。
咦？

業務那邊也一樣啊……老是說「這種東西怎麼賣？」
ぼり ぼり
苦惱
搔頭
呃，呃……他們說的也不是完全沒道理啦。
就請大家再重新構思出可以通過的企劃……
じ…
無言
那些人到底有沒有認真看過我們的提案啊!?
根本是瞧不起我們吧？因為這是個新成立的部門，人數又少!!
課長，你不能去教訓一下工廠還有業務人員嗎!?

這也有道理啦……抱歉。
呃。
這……
プルプル
氣憤難當
ポカー
傻愣
ふあ…
愛睏
カチャ
喀啦
怎麼樣？開會開得順利嗎？

專務……！
唷！
ODAC 專務·社長的姪子
小田桐信示（46 歲）
啊！
社長……！
ODAC 第二代社長
小田桐正巳（72 歲）
為、為什麼社長跟專務會來……!?
難不成……

是要來看我這副窩囊樣嗎？
就連公司高層都把我當作「問題人物」了……!?
意思是說……搞不好我會被炒魷魚!?
うわあああ
哇啊啊啊啊
3課的同仁……不好意思打擾各位開會。
我想介紹一個人給大家認識。
ニコォ
微笑
咦？

咔咔

這位是武智光希。
從今天起，她將擔任本公司的取締役本部長（譯註：相當於總經理）。
!!?
她原先在生產生活用品的全球知名外資企業工作，是我們挖角來的。
除了商品開發之外，還有工廠、業務……
接下來都由她統籌。

咦？管這麼多事!?
而且才剛進來
而已……
就連原先專務管轄的業務都交
到她手上？
……
這麼說來，這個人
就是……
ODAC的業績逐漸衰退。
「主管的主管」了!!
咦!?

推出的產品不是當大企業的跟屁蟲，就是炒冷飯。
這樣下去將無法生存，公司也不可能有起色。
我希望把 ODAC 打造成「戰鬥團體」。
……這個課的課長是哪一位？
!!?
哇啊！
是我……

什、什麼狀況啊……怎麼要我留下來!?
才沒幾天就要被當作「無能課長」……
直接被炒掉了嗎!?
「只重視理想而輕忽現實的人，終將招致滅亡」……
!?
這是馬基維利的著作《君王論》裡的內容。

馬基維利，出生於過去在義大利的佛羅倫斯共和國。
馬基維利
（NICCOLO MACHIAVELLI）
（1469 ～ 1527）
當時義大利還不是統一的國家，分裂成羅馬教皇領土以及好幾個都市國家。
佛羅倫斯共和國
那是個戰爭頻仍的亂世，德國、法國、西班牙等國都在覬覦義大利。
馬基維利曾任母國的國務祕書，表現出色。
然而，卻因為捲入政爭，周旋於幾位君王之間而失勢。

他為了把自己
推銷給新的君王，
把身為君王該如何壯大國家，
以度過亂世的要件，
歸納寫成
《君王論》這本書。
SCRITTORI ITALIANI
N. MACHIAVELLI
IL PRINCIPE
然而——
因為其中偏激的內容，
被視為離經叛道。
還遭到天主教
會焚燬。
馬基維利的《君王論》裡
有很多現代「君王」——
也就是「領導者」
必須學習的觀念與知識。
君主論
マキァヴェリ 著

你此刻需要的全都在這本書裡。
遞出
說起來，課長也是率領一個課的「君王」。
我將《君王論》奉為聖經。
推薦你也讀讀這本書……
立志成為馬基維利所提倡的「理想的君王」。

「理想的君王」!?
但我其實只想當個「好課長」而已呀——
她那個年紀就能被重金挖角來擔任取締役，
想必是個能力非比尋常的女性吧。
想當個好的領導者，這本書能發揮多少作用呢……
君王在必要時，也得踏上為惡之道。
啥……「為惡」!?

等、等一下啊，不必搞到這種程度吧……
遭到懼怕比受人愛戴要來得有保障
害人要害到底，以杜絕後患。
無須介意他人批評自己冷酷。
這個人，到底在講什麼啊!?
這本書，真的是領導者……是課長的聖經嗎？
君主論
君主論

君主論
君主論
課長，真的非得成為「惡人」才行嗎!?

課長該學的
馬基維利主義
point
1

君王必須是百分之百的務實主義者

《君王論》著作的時代背景

出生於十五世紀到十六世紀佛羅倫斯的政治思想家，馬基維利（一四六九～一五二七），他在一五一三年寫下了《君王論》（一五三二年出版）。這本書著作的當時，義大利半島上分布著羅馬教皇國、威尼斯共和國、米蘭公國、佛羅倫斯共和國、拿坡里王國等五大強國，以及各個其他小國。並非是統一的國家，就像日本的戰國時代。包括德國、法國，甚至連西班牙都對義大利半島的領土有野心，虎視眈眈。

時值二十九歲，擔任佛羅倫斯共和國國務祕書的馬基維利，在負責分內的公務之外，也與周邊國家進行外交與軍事上的交涉。他與知名的切薩雷·波吉亞，也是在百忙之中結識。

然而，馬基維利在一五一三年，也就是他四十三歲時因冤獄而失勢。在落魄失意之際，他將本身在政壇上的經驗，以及眼見切薩雷·波吉亞等多位君王興衰的過程，歸納撰寫成《君王論》一書。馬基維利希望藉由本書展現一己才華，再次覓得一官半職。但他的願望並沒有實現。

光做些表面工夫，或空談理想，並無法治國、管理公司

馬基維利為一名歷經動盪時代且真知灼見的政治人物，在他著作的《君王論》中蘊含了各個時代的領導人物所必須具備的「普遍精神」。

身為領導者，要整合組織，將其改造為「戰鬥團體」。促進組織成長，不被巨大的對手擊垮，存活下去。

為此，需要的不是表面工夫。馬基維利認為，在冷靜洞悉「人類心理」及「人性本質」之下，才能率領組織。

・只重視理想而輕忽現實的人，終將招致滅亡。

馬基維利的這句話，無論針對課長、社長，甚至一國的總理都一體適用。

領導者應該先務實觀察現況，再做出判斷與決策。

第2章

君王要冷酷!?

がんばり屋
生ビール
串カツ
チューハイ
がんばり屋
欸，木之下……
她可是貨真價實的「女中豪傑」啊。
ぬっ
喏
カッ
咔
カッ
咔
在她一上任取締役本部長之後，
不僅來到我們的商品開發部。
カッ
咔
武智光希（47歲）

包括業務部——
此外她還勤跑工廠。
她也召開了股長以上都得出席的緊急會議。
各位認為這間公司出現的「問題」是什麼呢？
……！
她把屬於她管轄的部門全都走過一遍，就是為了刻意造成大家的壓力！
搞不清楚她真正的目的……但看來她不是來混的唷。
……！

說得也是……
而且才剛見面就給了我那本書。
君主論
不過，難道她還真的要當馬基維利口中「理想的君王」嗎？
真是這樣，接下來應該會更……
出現了——!!
カッ
カッ
咔
カッ
咔
クルッ
迅速轉身
你……是不是很怕我？
ビクッ
驚嚇

!!!
「遭到懼怕比受人愛戴要來得有保障。」
「觸犯受到愛戴的人會比觸犯懼怕的人更沒有顧忌，此乃人之常情。」
這、這也是……
《君王論》的內容吧……？
「該警惕的是不要被鄙視，也不要遭人怨恨。」

我呢……
自從接下了領導階層的工作之後，就時時實踐《君王論》裡的內容。
「君王」在令人懼怕的同時……
也該「盡全力做好準備，面對未來的紛爭」。
「趁早洞悉一切，就能及早解決災難。」
因此，我從一接手這份工作就持續進行面談。
我打算花三個月的時間。

然後……
將ODAC改造成「戰鬥團體」。
但先要進行「肅清」。
……！

3個月後
ODAC
課長，你聽說了嗎？
營業2部的淺井部長好像遭到降職，被分派到其他部門耶。
咦!?
「刻意隱瞞消息不上報給主管」……
竟然是這個理由！
據說是武智取締役的決定。
肅清……!?
可是，這種事情不是每個主管都一樣嗎？
意思就是以後不准再這樣吧。
殺雞儆猴啊……這人還真是不簡單。
……！

「面對民眾——」
「若不是安撫——」
「就必須一舉殲滅。兩者擇一。」
「因為人會為了微不足道的損失而心生報復——」
「但對於巨大的傷害就算想報復也無能為力。」

パラ…
翻閱
君主論
「要加害他人時，」
「就必須做到不用擔心遭到報復的程度。」
……!!
馬基維利在《君王論》裡列舉出「理想君王」的例子。
就是切薩雷．波吉亞。
他將雖然能幹卻招致民眾反感的左右手雷米諾．德．奧爾寇——

斬成兩半，還將屍體示眾。
難道那個人想用「恐懼」，
來「控制」整間公司和內部員工嗎!?

原先的預感果然料中。
唔……
課長，這是……!?
「要加害他人時，必須果決——」
人事異動
「並且一鼓作氣完成。」
公司裡超過一半的管理階層人員都遭到降職!?
ドン
砰
不只課長級，就連部長級也……
真是毫不留情啊！

這一波異動好像也是武智取締役決定要執行的。
……
那個人手上真的掌握大權呢～
會不會是個扮黑臉的角色呢？
ず
啜
她接下的……
她確實很有判斷力吧!?看看遭到降職的——
要不是成天打混不做事——
就是仗著跟專務關係好而吃香喝辣的那群人。

你們小聲一點啦……會連在外面都聽到耶。
怕什麼啊？石田！
要聊的話到離公司遠一點的店裡邊喝邊聊啦！
這次沒有遭到降職的，就是柴田部長和有能力的管理階層——
還有剛調動的管理階層而已!!
噴出
哇！課長，你好幸運耶～
果然再怎麼不留情，還是不會調動剛上任三個月的人嘛！
被說中
哈哈哈，確實啦……
不過，就經營者來說，這種毫不留情的人也不錯吧？
？

如果做出的判斷是正確的話……
畢竟這可是關係著整間公司以及所有員工的未來!!
がんばり屋
武智取締役——
應該是早就做好心理準備想大刀闊斧改變ODAC吧？
有這種態度堅定的領導者，不就能讓整個組織變得更強大嗎？
啊，再來一壺。
咦……還要喝啊？
……
砰！

「身為君王，為了讓自己國家的居民團結一致，為了讓眾人宣示效忠——」
「無須介意被掛上冷酷的惡名。」
「過於仁慈將會招致混亂——」
「比起放縱殺戮與掠奪的君王，」
「只是下達殺雞儆猴處罰的君王要來得更仁慈。」
這樣的君王，無論古今都令人嚮往吧？
jiyuaaoka
24時間
居酒屋

既然這樣，我也試試——
當個像武智取締役一樣「冷酷」的主管！

你這份企劃書是搞屁啊——!!
啪
咦……?
ポカーン
呆愣
「咦?」個大頭啊!你以為這種到處都有的巧克力零食賣得出去嗎!?
不認真絞盡腦汁就不可能拿出成績嘛!!
給你三天……不對,明天重新再提個案子!
クルッ
轉身
幹嘛突然大呼小叫啦?
ビク
驚嚇

加藤都搞不定的企劃案，你覺得我就弄得出來嗎？
ガタ…
氣憤
不是啊！我只是希望你能有多一點危機感……
你自己還不是沒想出什麼像樣的企劃案……
這樣根本只是單純的職權騷擾吧？
お…!?
喂!?
…不是啊，就說沒這個意思了。
那你到底想怎樣啊？
ふぁ…
呵欠
怎麼啦？

不行……我真的沒辦法……
我本來就不擅長訓斥別人。
ドタドタ
奔跑嬉鬧
但又非這樣不可……
不當個令人畏懼的課長……自己就沒保障吧!?
遭到懼怕比受人愛戴要來得有保障
要是不再有保障，或是遭到解聘……
到時候還會連累家人!!
さく

不過，現在突然要變得「冷酷」……
當課長很辛苦嗎？
へら
消沉
沒什麼事啦。
……早知道真不該答應接受接下管理職務。
はー
BEER
為什麼上面的人會想讓我當課長呢——!!

反正如果繼續拿不出成績來，
應該就會被降職，
就能從課長這個位子解脫了。
ODAC
ギッ
緊張
カチャ…
咔啦
但是，這種無能的員工——

她不會寬貸吧!!
因為當上課長最後搞到被炒魷魚，
我這種人大概根本不適合當上班族吧……
今天把各位找來，
是想由商品開發部、
營業部——
還有工廠
這三個部分的菁英……

共同成立一個專為開發新商品的企劃小組。
由跨部門的同仁各自提出意見……
應該能夠激盪出全新的構想。
從每個部門挑出一名同仁……然後選出企劃召集人。
企劃召集人必須負責……
在一年之內推出暢銷商品。
哇~被選上的人可要辛苦了……
商品開發部的企劃召集人——

就有請……
商品開發3課的木之下課長。
啥？
ザワ…
鼓課
真的假的——!?

哇！這還真是令人意外的人事命令啊……！
沒想到竟然是木之下被選上。
其他召集人可都是部長階級呢……
商品開發1課　課長
前田駿介（42歲）
他是被武智取締役看上呢……還是被盯上啦？
商品開發2課　課長
佐久間保（44歲）
不好意思……
你們先走吧……我想去個洗手間。

カッ
咔
カッ
咔
カッ
咔
呃，請問……
方便占用您一點時間嗎……？
……
沒想到你本來一直想逃避，
現在居然主動來找我。

為什麼……
為什麼要選我呢？
在商品開發部的管理階層裡，論年齡或資歷，我都是最淺的呀。
木之下課長，因為你有一顆「坦率的心」。

《君王論》第22章中這樣寫：
君主論
「無時不刻為君王著想，而不是為自身打算，就該讓這種人當大臣。」
「君王的智力，從觀察他身邊的人就能得知。」
換句話說，如果這次挑的人選真能做出成績，
大家就能從此了解我具備「識人能力」。
全公司的員工就會知道，我身為君王的高資質。

我的目標是成為ODAC的「君王」。
為了達到這個目標……
必須要有……具備能力且實在的左右手。
難不成……
這個人竟然看好我!?

課長該學的
馬基維利主義

point
2

君王與其受人愛戴，不如令人懼怕

必須冷靜洞悉他人的心理，放棄「立志當好人」

馬基維利在精準掌握人性心理之外，也說明了君王該有的行為。

領導人之間經常有的爭議，究竟是「部屬要誇獎才會成長」還是「部屬要責罵才會成長」。

但馬基維利提出的觀念是「主管首先必須嚴格」。

的確，擔心遭到部屬討厭而討好眾人的主管，反倒會遭到蔑視。嚴格的主管不會一不小心就受到部屬暗算。

- 遭到懼怕比受人愛戴要來得有保障。
- 觸犯受到愛戴的人會比觸犯懼怕的人更沒有顧忌，此乃人之常情。
- 該警惕的是不要被鄙視，也不要遭人怨恨。
- 身為君王，為了讓自己國家的居民團結一致，為了讓眾人宣示效忠，無須介意被掛上冷酷的惡名。

決定人事異動及下令懲戒時，該毫不猶豫，一氣呵成

馬基維利提出：「下令懲戒時，應該要毫不猶豫而且徹底執行。」半吊子的溫情只會留下禍根。換到現代的情境，也可以這樣解讀：「當握有權力的領導者要對部屬下達人事命令，或是懲處時，必須一氣呵成，不給對方任何反擊的機會。」

此外，他也提到當部屬違反規則，或是擾亂團體和諧時，主管不應想扮演和事佬，將大事化小，小事化無。「不行的事情就是不行！」必須殺一儆百，嚴肅面對。這一點在打造紀律明確的團隊上非常重要。

- **面對民眾，若不是安撫就必須一舉殲滅。兩者擇一。**
- **因為人會為了微不足道的損失而心生報復，但對於巨大的傷害就算想報復也無能為力。**
- **要加害他人時，就必須做到不用擔心遭到報復的程度。**
- **要加害他人時，必須果決。並且一鼓作氣完成。**
- **過於仁慈將會招致混亂。比起放縱殺戮與掠奪的君王，只是下達殺雞儆猴處罰的君王要來得更仁慈。**

第3章

君王的工作術

課長——!!
這次你獲選為企劃召集人……
真是大大恭喜啦——!!
呵呵……其實不知道有什麼好恭喜……
咕嚕
主管獲得提拔，大家也會認為他手下的部屬都很能幹！
但我也不是因為能力強才被選上的……
這當然是值得恭喜的事情呀！
哦哦……你又變回謙虛的個性啦。

我不是謙虛啦，這是事實……
我已經向當事人確認過。
「以不凡的事業當作模範示人。」
改革組織體制。
就從成立企劃小組這個「引人注目」的舉動開始。
我將依照《君王論》裡的這句話——
我之所以選你當作企劃小組召集人之一，也是這個目的。
⁉

「民眾除非有過明確的經驗，否則很難信服新事物。」
光是「引人注目」或「創新」是沒有用的。必須實際做出成果才行。
不過，只要拿得出成果，民眾就會……對「我們」有好的評價。
!!
既然我提拔了你，我們已經是命運共同體，請你也別想再逃避了。
這……

我不會——放你跑掉的。
「保持謹慎不如勇敢面對。」
就算使用了多卑劣的手段，只要能夠克服危機的君王——
即使本身沒有實力，也會獲得人民的尊敬。
「只要結果是好的，手段隨時都能加以正常化。」
在克服的過程中也會增進實力。

不要再逃避，就跟著我吧……
……！
パラ
パラ
隨手翻閱
哇……這本《君王論》就是她的聖經啊。
談的是很務實的「領導論」，就算到了二十一世紀的現在也能適用。
念大學的時候稍微讀過……不過，馬克思主義耶，會不會太老套啊？
闔上
你說的是《資本論》吧？
……
《君王論》的歷史更久唷。不過它的內容……

正因為這樣，武智取締役才能在這個年紀就當上了取締役啊。
她想要實踐《君王論》的內容……來改革ODAC這個組織。
為了「改革」需要「左右手」，於是挑上了我……
既然被選上了，就在她左右，跟她學習——
「君王」的「工作術」。
ODAC

你居然提出要列席董事會會議……做好心理準備了嗎？
カッ
咔
我要是多幾次經驗累積……膽子應該也會變大。
カッ
咔
カツ
咔
我想要變成……像您一樣的「君王」！
……
カツ
咔
ODAC雖然是成立超過七十年的老字號企業——
会議室
使用中

正因為是有歷史的老公司，才會到處可見「徒勞」。
不受歡迎跟收益低的商品也是一種「徒勞」……
三間工廠可以減少為兩間。
ピ
嗶
另外不只軟體、硬體，連「人」也是……
派遣員工和約聘人員，都要裁撤掉現在的一半。
譁然
!?

妳說一半？這麼大規模的裁員會引起很大的反彈……
害怕遭到反彈就保不住組織。
什麼!?
光是為人慷慨大方，企業是無法生存的。
要將所有的「徒勞」全數消除！
……這也是《君王論》！

主論
アヴェリ 著
身為君王，不必害怕遭到批評自己小氣。
因為這樣不會壓榨民脂民膏，
也不會把國庫花光。
為人小氣，終究能成就大事業。反過來說——
不小氣就勢必導致國家滅亡。

ODAC
生意就像打仗不是贏就是輸。
再這樣下去，ODAC在不久的將來就會被其他公司所消滅。
進公司沒多久的業界外行人別擺出很懂的樣子！
呵呵……就是說呀。
各種批評跟指責我都願意承受……所有責任也由我一個人擔。
首先必須消除我們公司的「贅肉」，改造成戰鬥團體。

既然妳都這麼說了，就刪減吧……
……！
……
這……這樣真的好嗎？
降低成本倒也罷了……裁員會遭人怨恨耶。
……

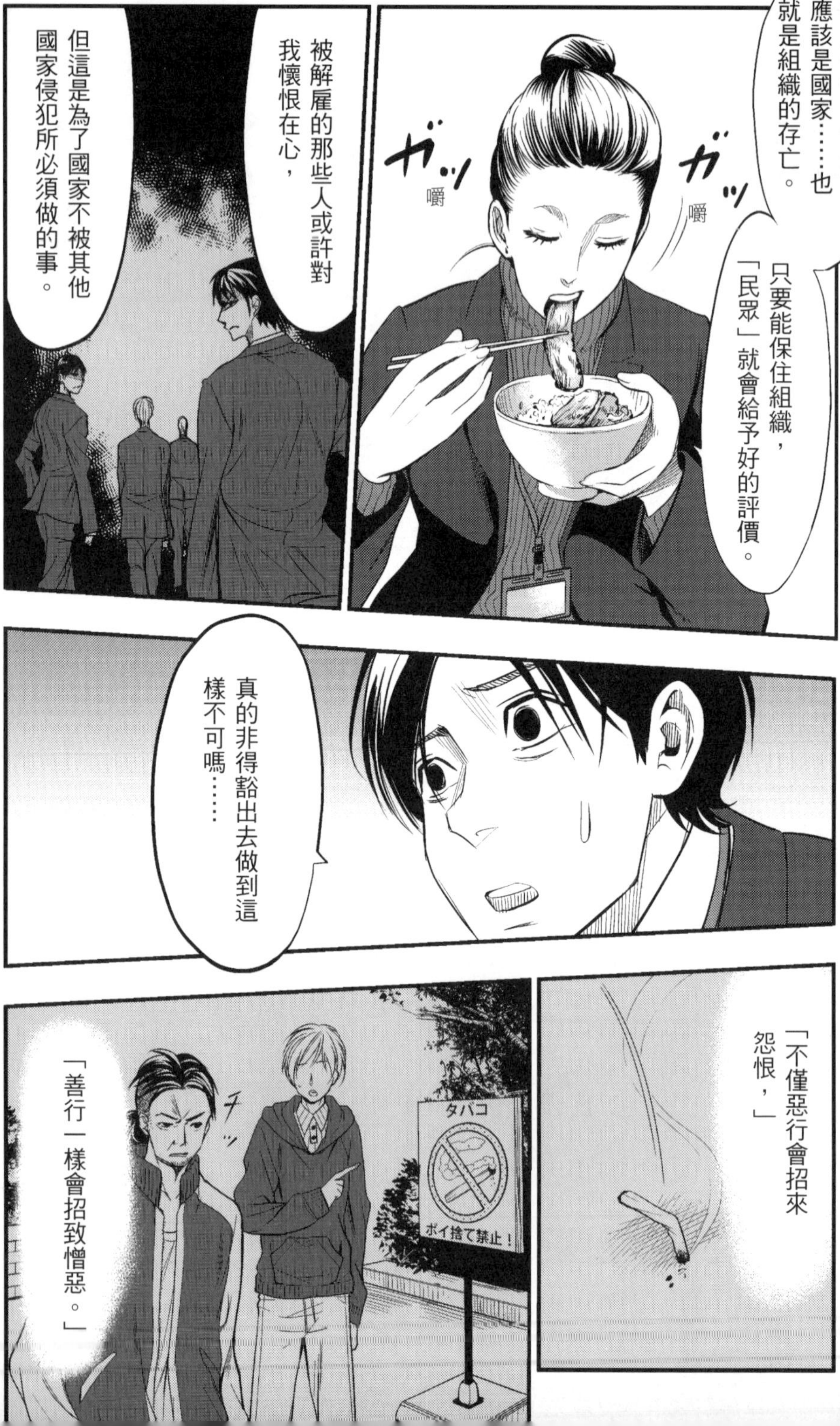
君王最優先考量的應該是國家……也就是組織的存亡。
ガッ
嚼
ガッ
嚼
只要能保住組織，「民眾」就會給予好的評價。
被解雇的那些人或許對我懷恨在心，
但這是為了國家不被其他國家侵犯所必須做的事。
真的非得豁出去做到這樣不可嗎……
「不僅惡行會招來怨恨，」
タバコ
ポイ捨て禁止！
チッ
「善行一樣會招致憎惡。」

要是不管做什麼都討人厭……就做該做的事。
要是傷害一部分的人能保住整體，在所不惜。
要守住國家，必須強化「國民兵」。
馬基維利的時代，歐洲各國——
除了「國民兵」之外
還有「傭兵」，
以及「來自他國的援軍」跟「混合軍」。

「傭兵」跟「援軍」在關鍵時刻根本發揮不了作用!!
傭兵無法控制，沒有企圖心，沒有紀律，也沒有忠誠！
而且，一旦爆發戰爭，這些人要不是臨陣脫逃就是消失無蹤。
只靠金錢維繫的關係，「忠誠感」低落也是理所當然。
我並不是責怪派遣員工或是約聘人員。
真的要倚靠這些人的話，就讓他們成為正式員工。

收編為「國民兵」，全力為公司奮戰。
把錢花在雇用上，也能省下徒勞的浪費。
話說回來，ODAC過於仰賴「他國」了。
部分商品製造根本百分之百委託其他公司，
德田製菓
ODAC
ODAC
ODAC
營業也有一部分委外負責，
DAIKUハウス
営業代行 DATE エージェント
IKERU
仰賴他國是一把兩面刃。
他們的過失會成為公司的過失，
而且也有洩漏技術跟know how給對手的風險。
ODAC

「造成他人壯大者，最後將自取滅亡。」
外包商怎麼說都是他國，難保什麼時候會反咬一口。
國家必須單由「國民兵」來守住。
為了這一點……
必須要充分進行員工的「訓練」與再教育。

「君王應該時時警惕，
勤於演練。」
「即使在昇平時期也
要不斷勤加演練。」
若能提升員工的素質，
就能單靠自家公司生產
商品——
ODAC
ODAC
ODAC
業務員也能有效走訪各
個合作、交易對象。
不仰賴「他國」，僅靠「本國」來戰鬥，員
工不但士氣高昂，也會認真自發地行動。
ODAC就靠
我們撐起來……！
省下原本的徒勞浪費，就能增進
向心力與專注力。

ODAC
第一工場
ODAC 第一工廠
為什麼要來工廠？
只要時間許可，我會不斷到第一線露臉。
「要維持一個地區，要不就是將一切毀滅。」
「或者是由統治者親自坐鎮。」
「人進駐在第一線，即使有任何騷動、混亂也能立刻了解狀況，迅速因應。」
「若距離太遠，收到消息時恐怕混亂已經擴大，到時亡羊補牢也來不及了。」

可以請問一下嗎？
「居民也因為能夠立即獲得君王的幫助而感到心滿意足。」
我要前往下一個「第一線」……木之下課長，你繼續巡視工廠。
咦!?呃，好的！
有道理啊……管理階層也必須落實「現場主義」。

不過，我身為新商品開發企劃的一員……
ODAC
又是其中的一名企劃召集人。
EIGHT
堆滿
這些是幹嘛……!?
マーチ
平成チョコスナック
山のきのこ
<チョコレート菓子>

喔耶——!!
可以吃嗎——?
不行！還沒吃飯耶!?
……
怒
你在搞什麼呀！想破壞我教小孩的規矩嗎!?
對、對不起……
因為一直找不到開發新商品的靈感，乾脆收集其他公司的產品來研究，不小心買太多……
MAMA-NO Chocolate
ママーノ
カロリーオフ
「人總是容易喜新厭舊。」
啥!?

而且，「群眾下判斷時是憑藉『眼睛』，而不是靠『雙手』。」
「光用看的任何人都會。」
「只有少數人會真正實際接觸。」
「泛泛之輩總是靠表象或結果被牽著鼻子走。」
好可愛
換句話說，令人胃口大開的外觀跟暢銷的事實，才是重點所在。
首先得構想出讓多數人「光是看到就喜歡」的商品……
MAMA-NO
Chocolate
ママーノ
カロリーオフ

……那就晚餐後，
來個木下家的「試吃會」如何？
哇……！可以全都吃嗎!?
每種只能吃一點，一點點喔！這是試吃會……
哪個包裝讓你「想吃」、「想買」，
哪一種零食又是覺得「好吃」的——
マーチ
平成チョコスナック
山のきのこ
大家一起選出來吧——!!
好好玩哦——!!
POKE

爸爸在公司已經升官了，我們全家也要多幫忙才行！
這個脆脆的好好吃哦～
奈奈……
我喜歡這個，甜甜的真不錯！
……經過研究調查的結果……
就是這款試作甜點嗎？

包裝設計畢竟是設計師的專業，
好壞我們也不太能分辨……
但除了包裝之外，我想還是有能從外觀討消費者喜歡的面向。
？
不過……這部分是管理階層的工作嗎？
這是我請我太太試作的成品……她還滿會做甜點的！
抱歉，其實我還搞不太清楚「管理階層的工作」究竟是什麼。
總之就想做些什麼……而且商品開發3課的工作就是開發商品吧？
現在是在放閃嗎!?
……
好吧。既然都這麼說了，我們就來試吃看看嘍！
卡
哩。
酥脆

好……
好難吃啊！
尊夫人……的廚藝……
……沒錯！
超難吃的吧!!
再怎麼努力畢竟是外行人！
啥!?
不過，ODAC可是零食廠商！我們是零食「專家」呀！
ODAC
如果能發揮公司的力量來變得更好吃……
我保證一定會熱賣！

其實，這款零食並沒有用到麵粉跟砂糖。
咦!?
現在就連在便利商店販售的零食都愈來愈走「健康取向」了
山のきのこ
MAMA-NO Chocolate ママーノ
就像汽車講究節能一樣，零食的熱量跟糖分也減到最低……
營養成分表
栄養成分表示
エネルギー 400kcal
タンパク質 8.5g
脂質 22.4g
糖質 40g
食物繊維 2g
ナトリウム 320mg
カリウム
カルシウム
鉄
マグネシウム
リン
ビタミンA
如果能做出味道也很棒的零食——

就能成為「外觀」與「結果」皆理想的新商品……
這麼一來就是個好的企劃……也就是「好的工作表現」吧！
怎麼樣……
大家一起實現目標吧!?
課長……!!

課長該學的馬基維利主義

point 3

君王應以偉大的事業當作示人的典範

不展現出成果，就無法贏得部屬追隨

身為課長，或是領導者的人，沒有實力就無法贏得部屬追隨。《君王論》裡說到「為達目的不擇手段」，也展現了「馬基維利主義」的想法。

- **民眾除非有過明確的經驗，否則很難信服新事物。**
- **只要結果是好的，手段隨時都能加以正常化。**

貫徹現場主義

馬基維利提出的「統治者應該就近居住在統治區域」，這個想法換到現代就是「現場主義」。跟現場距離愈近，有狀況時愈能迅速因應。

- **要維持一個地區，要不就是將一切毀滅，或者是由統治者親自坐鎮。人進駐在第一線，即使有任何騷動、混亂也能立刻了解狀況，迅速因應。**
- **若距離太遠，在收到消息時恐怕混亂已經擴大，到時亡羊補牢也來不及了。**

·居民也因為能夠立即獲得君王的幫助而感到心滿意足。

落實員工教育

馬基維利認為，「傭兵都沒用」。

目前日本約聘人員的比例愈來愈高，但真正寶貴的戰力似乎只能靠落實正式員工的教育才能培養。

·「傭兵」跟「援軍」在關鍵時刻根本發揮不了作用。

·君王應該時時警惕，勤於演練。

在經營上要務實，對金錢太不計較的公司必定招致毀滅

「小氣到底」這句話，套用在現代商場上就是「節省徒勞的浪費，把錢花在刀口上」。馬基維利的真知灼見，令人嘆為觀止。

·身為君王，不必害怕遭到批評自己小氣。

·因為這樣不會壓搾民脂民膏，也不會把國庫花光。為人小氣，終究能成就大事業。反過來說，不小氣就勢必導致國家滅亡。

第4章

君王的「恩威並濟」

就在商品開發3課全體上下為了推動新企劃通過而努力時——
武智取締役也為了整間公司持續落實《君王論》。
呼！
ポッ
ポッ
拋擲
價值五萬圓唷，五萬!!
？
商品開発 2課

大家可以一起去吃燒肉！
吃螃蟹吧。
螃蟹啦……！
怎麼回事啊？好像有什麼好康……
哦哦，木之下。
不好意思啊，這個世界是講實力的。
嘿嘿
商品開發2課開發的零食熱賣……
興奮
我們獲得表揚啦——！
進呈
お食事券
贈品
高級餐券

話說武智女士還真是
「上道」啊～
每次一有業績就有獎勵。
ペチペチ
啪啪
進呈
お食事券
我也投靠武智派
好了♪
……！
這簡直就是——
進呈
お食事券
「為了讓人們更深刻體
會到恩惠，」
「應該不時施以小恩小惠！」
進呈
お食事券

這樣啊……
就是所謂——
「恩威並濟」的作法嘛！
生ビール
串カツ
チューハイ
ザグッ
大口咬
營業部的淺井又回到部長的位子了。
咦？有這回事啊!?
你居然連這個消息也不曉得嗎？這樣子怎麼當得上部長啊……
もぐ もぐ
嚼嚼
唔……
曾遭到降職的人——
只要振作拿出成績，就能再次晉升。
スゥ〇〇〇
提起…
了解到這是一間「就算失敗也能重新往上爬」的公司，員工的士氣也會提升。

淺井好像感激得不得了呢。
這是當然的啊……
「從原本以為會加害自己的人手中接受恩惠，」
「將會感到格外情深意重。」
「君王必須讓民眾跟自己站在一起。」

之前一口氣進行的「肅清人事」，讓公司裡充滿緊張氣氛。
人事異動
先讓所有人對自己畏懼，
接著只要有人有好的表現，就及時給予獎勵，激發員工的士氣而不會頹靡。
這人還真有兩下子。
トクトク…
緩緩斟入
「感到畏懼」跟「不招致怨恨」……原來真的可以兼顧啊。
當然有辦法呀……

如果她能夠穩定守護公司，
又施恩給其他人，
辞令
お食事券
那麼員工就算畏懼也會跟隨，跟她站在同一邊。
此外，她對自己的成就引以為傲……
卻不會搶走別人的功勞邀功。
就算是她下達的指令，只要團隊有好的表現，她都視為是眾人的努力。
這倒是……

話說回來，她進來之後公司的業績才開始成長。
業績一有成長，大家就獲得加薪、獎金……討厭她的員工我想也沒幾個吧。
「使人畏懼同時不遭到怨恨，這是可以兼顧的。」
「只要君王不覬覦民眾的財產——」
「也不去對付他們的妻兒就一定辦得到。」
「要避免叛亂最有效的一項策略，就是不要招致多數人的怨恨。」
「密謀叛亂的人總以為殺了君王能讓民眾感到滿意——」

「但如果知道這麼做會激怒民眾，叛亂者也提不起勇氣了。」
就是以巧妙的恩威並濟，來讓員工跟自己站在同一邊……
藉此鞏固自己在公司內的基礎。
jiyuaboku
24時間
居酒屋
……木之下，
話是這麼說，但你也別跟她走太近啊。
!?
你人太老實，沒有心機……
但公司裡什麼牛鬼蛇神都有。

她不可能成為公司真正的「君王」——社長。
而想爬到高層的也不只她一個。

千萬別捲進去，那會是一場血淋淋的權力鬥爭！
——!!
柴田部長，非常感謝你的提醒。但是——
《君王論》裡也提到，「優柔寡斷的君王為了逃避眼前的危機，通常會選擇中立——」
君主論
マキァヴェリ 著

然而——
「多數都會慘遭滅亡。」
不如清楚判斷出要支持哪一方，
並肩作戰。
若是得勝，
對方會感謝你——
即使落敗也能共同開創命運。

況且，當初是因為現任社長
把她挖角過來——
她更是不可能輸！
我決定跟隨武智女士——
努力把她拱上社長寶座！

ODAC
第一工場
此外，她還不斷對員工推行「德政」！
山內小姐請出列……
妳每天比其他人早進公司，不只認真打掃……
謝謝你們的付出♪
連對機器都充滿了愛。
正因為如此——
ピクッ
啪嚓
油漬看起來不太一樣……
妳才會很快就發現機械故障了。

多虧有妳，才沒做出不良品，得以保住ODAC的信譽。
在此，我要表揚山內小姐對公司的貢獻……
燦笑
ニコッ
這……這真是太感謝了！
熱烈掌聲
パチパチ…
……
武智女士……原來也會露出這麼燦爛的笑容啊。
看起來很假嗎？
不、不，沒那回事……

「及早洞悉災禍」對君王或是第一線的員工都是很寶貴的資質。
「君王喜愛有實力的人」，並「讚賞身懷技藝的人」。
對於有能力的人，必須展現出賞識、拉攏之意。
因為這樣才露出笑容啊……
「君王必須巧妙分別善用獸性與人性，」
「欠缺任何一方，都無法在君王的寶座上坐太久。」

獸性與人性。
「君王必須要懂得如何運用野獸的習性，」
「其中又可效法狐狸與獅子。」
「得像狐狸這麼狡猾聰明才能辨識陷阱。」
「若要恫嚇豺狼，則非得化身為猛獅才行。」
同時要發揮人性，讓人覺得「無限慈悲而且重情義」。
你看起來好像有點累……先好好休息吧？
ゴホゴホ
「表裡如一，真誠且可靠。」
「必須得讓所有跟自己接觸的人都有這樣的想法——」
《君王論》裡就是這麼寫的。

只不過，實際上並不需要真的這樣，
輕咬
ポリポリ…
讓大家這麼認為就可以……這才是重點。
那倒是……人多半都是靠外表判斷。
因為「人類生性邪惡，不會信守承諾」，「具備那些正直特質且隨時隨地身體力行，會害到自己。」
不過，事實上武智女士……真的是個好人對吧？
？
「但是讓眾人以為具備這些特質」──「會非常有幫助」。
為了公司，為了員工認真打拚到這種程度……
……我本身的個性跟《君王論》無關。

無論本性是什麼樣的人，
一旦成為君王——
「必須要做好心理準備，自己的行動就隨著
命運的走向，以及時勢的變化而改變。」
重點是，
因應需要，
《君王論》
……
カタ
有時是天使……
有時也必須化身為惡魔。
真是現實到有點
過分嚴苛哪。

君王就是必須在嚴苛的現實社會中生存，並且治理組織與人民。
木之下課長，你也該更換不同「面貌」……
立志成為「理想的君王」。

就說了味道不好的話，誰會想吃啊!!
ODAC
零食這種東西就是以口味討喜……打動人心的呀！
不對不對！
你這個提案熱量跟糖分都太高啦！得再縮減才行……
你才該把目標族群縮減吧……
到底是瘦身目的的零食，還是有益健康的零食？
零食是用來享受人生的東西耶！
減過頭吃起來就沒味道啦!?
哎唷，可是產品的概念就是……
……

這樣下去討論根本沒完沒了……
但重點是三個人的能力都很強，很難斷定誰的意見「正確」。
不過要是不趕快整合出一個案子交出去——
企画書
就會來不及呈現「結果」了。
這種時候正需要……
ガタ
拍桌
你們三個的意見我都聽了「我要聽」的部分。
!?

「君王必須時時聽取他人的意見。」
「卻是在他想要主動聽取時，」
「而不是別人想說給他聽的時候。」
「等他向眾人徵詢過意見之後……」
今天大家的意見我會全部帶回去──
研究之後由我來決定。

而且決定之後一定會堅持……徹底推動。
……這樣大家覺得如何？
責任就由我這個課長來擔。
……
當……

當然沒問題呀!!
木之下課長是我們的主管，當然要展現該有的氣勢呀!!
加藤……
嘿嘿，感覺有點《君王論》的架勢嘍？
這是第23章……
唔……
不過，聽起來完全是課長的語氣。
我也決定跟隨課長。
我也是！
不用顧慮我們，請你做決定吧！
太……太好了……！

拜《君王論》之賜——
喀
喀
喀
我現在愈來愈像個課長了!!
喀

コッ
喀
コッ
喀
喫煙室
武智女士已經來半年啦……
不只各級主管變了……連整間公司都不一樣呢。
這是「新血輪」的效用。
公司從成立以來就由小田桐家的人擔任歷任社長。
但只由家族來擔任社長實在是……
喫煙室
カッ
咔
カッ
咔
膝下無子的正巳社長原先應該也打算讓姪子信示專務接班，
畢竟時代已經不同了呀～
カ…
咔

「每一位君王，」——
加速
ファァァ
奔馳
「都不可能避免遭到怨恨。」
ァァ

「在堅定意志下默默策動的——」
喀嚓
喂，你好……
我是ODAC的專務小田桐信示。
「謀殺……」
上次談的事有進展嗎？
不要緊，不要緊！這邊就讓我來想辦法……！
「就連君王也無從躲避。」

課長該學的馬基維利主義

point 4

讓其他人「認為」君王若具備恢宏的氣質，是很有幫助的

領導者的嚴苛與體貼，應妥善使用達到恩威並濟

馬基維利提出，為了生存的「強勢行徑」。真正的善行反而會帶來危害，重點是只要讓部屬認為自己有德便可。嚴苛與體貼，懂得恩威並濟才是君王展現能力的關鍵。

- 人類生性邪惡，不會信守承諾，具備那些正直特質且隨時隨地身體力行，會害到自己。但是讓眾人以為具備這些特質，會非常有幫助。
- 君王必須巧妙分別善用獸性與人性。欠缺任何一方，都無法在君王的寶座上坐太久。
- 為了讓人們更深刻體會到恩惠，應該不時施以小恩小惠！
- 從原本以為會加害自己的人手中接受恩惠，將會感到格外情深意重。

不要招致部屬怨恨，就是主管存活的祕訣

馬基維利不斷重申，「不招人怨恨的重要性」。不要搶走部屬的功勞，不在公司裡或往來客戶中無謂樹敵。這也是在組織內存活下來的祕訣。

- **君王必須讓民眾跟自己站在一起。**
- **使人畏懼同時不遭到怨恨，這是可以兼顧的。只要君王不覬覦民眾的財產，也不去對付他們的妻兒就一定辦得到。**
- **要避免叛亂最有效的一項策略，就是不要招致多數人的怨恨。**
- **在堅定意志下默默策動的謀殺，就連君王也無從躲避。**

不以實力主義來面對部屬，最終的決定由領導者下達

《君王論》裡也很重視正面肯定部屬的實力，而在聽取部屬的意見之後，最後的決定仍該由領導者來下達。

- **君王喜愛有實力的人，並讚賞身懷技藝的人。**
- **君王必須時時聽取他人的意見。卻是在他想要主動聽取時，而不是別人想說給他聽的時候。**
- **等他向眾人徵詢過意見之後，自行做出決定。**

第5章

守住「領土」！

零食業界的大公司
RITTA——
正式來找我們合作了。
他們想使用本公司專利的巧克力糖衣技法……
由雙方共同開發新產品！
RITTA提出的!?
ザワ…
鼓譟
……

跟大公司聯手就能成就大事業……
而且要是能借助大公司的力量，面對公司規模差不多的對手時……
RITTA
ODAC
在競爭上也有利！
對於業務遲遲不見起色的ODAC來說，會是理想的「助燃劑」呀。
有道理……
ガタッ
拍桌
……！

這間公司……
負責商品開發的人是我。
我認為應該拒絕這個合作案。
!?
ザワザワ…
一片譁然
!!!

難、難道終於要面對面挑戰小田桐家了嗎!?
只不過……
既然她獲得社長這麼深厚的信任……
如果社長本身也不堅持一定要「家族經營」的話……
難道兩人立場會大逆轉？
下任社長不是專務而是……!?
不要輕易跟「強者」攜手合作。
會有遭到併吞的風險。
!!
她仍舊引用《君王論》……!

「君王千萬不要跟比自己強大的對象結盟，攻打其他人。」
RITTA
ODAC
「因為，這樣就算獲勝，」
RITTA
「君王絕不能受制於人。」
「也只會被對方掐在手掌心。」

萬一被大企業找到可乘之機，可能造成技術外流，或是被盯上成了併購目標。
乍看是個打「安全牌」的選項，其實會讓公司陷入危機。
可、可是……
木之下課長擔任召集人的新商品開發企劃小組，目前已經有進展。
只靠我們公司獨力開發的暢銷新商品，就快要誕生了。
……!!
這個階段借助其他公司的力量，我認為不是好時機……

我看……
就暫且擱置吧？
——!!
或許不要太躁進
比較好。
再過不久……
就能看到武智取締役撤下
的「種子」會有什麼樣的
結果，不也很好嗎？
……!

這……這麼做真的好嗎!?
在會議上堅決反對……會不會讓信示取締役面子掃地啊……!?
……
身為君王……
コト……
砰
就無可避免「戰爭」。

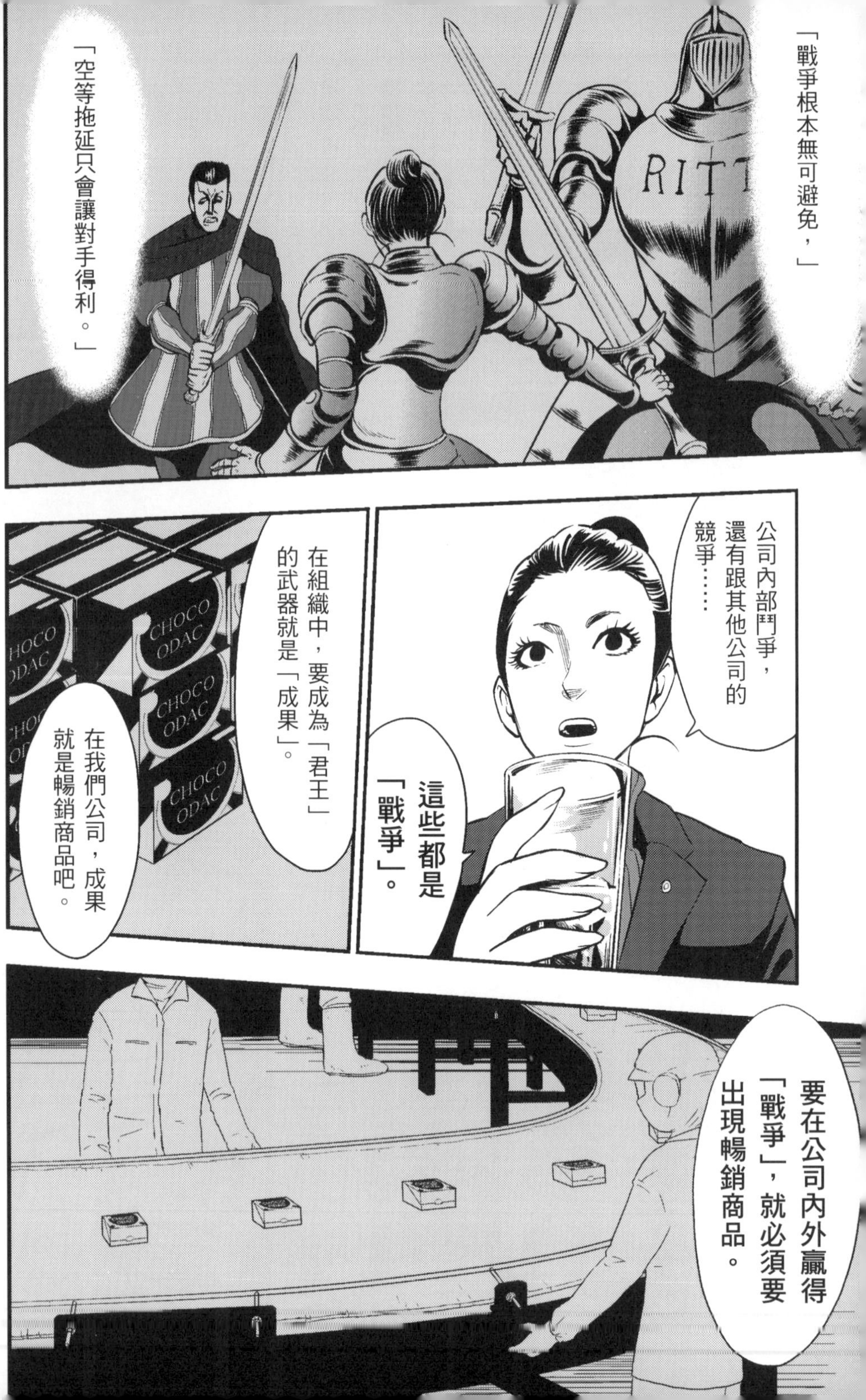
「戰爭根本無可避免，」
RITT
「空等拖延只會讓對手得利。」
公司內部鬥爭，還有跟其他公司的競爭……
這些都是「戰爭」。
在組織中，要成為「君王」的武器就是「成果」。
CHOCO ODAC
在我們公司，成果就是暢銷商品吧。
要在公司內外贏得「戰爭」，就必須要出現暢銷商品。

為了公司……為了你自己著想，
還有如果你也希望我當上ODAC的「君王」的話……
就請你盡快——
完成開發「暢銷的新商品」吧！
……!?

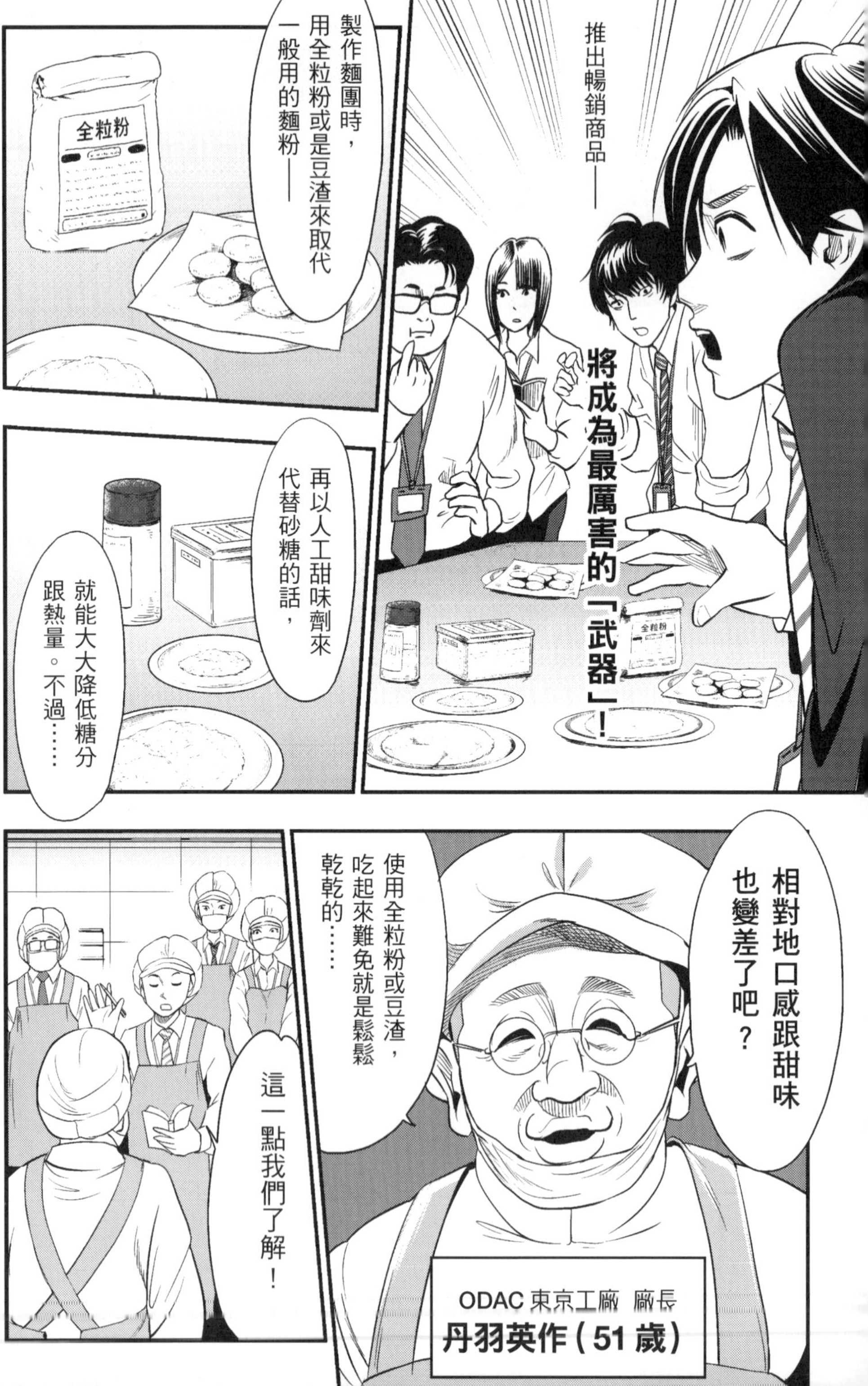
推出暢銷商品──
將成為最厲害的「武器」！
製作麵團時，用全粒粉或是豆渣來取代一般用的麵粉──
全粒粉
再以人工甜味劑來代替砂糖的話，
就能大大降低糖分跟熱量。不過……
相對地口感跟甜味也變差了吧？
使用全粒粉或豆渣，吃起來難免就是鬆鬆乾乾的……
這一點我們了解！
ODAC 東京工廠 廠長
丹羽英作（51 歲）

我們會用其他條件來彌補……重點是做出「滿足度高」而且「健康」的甜點！
如果不能用口感跟甜度來決勝負，就改用香味或是焦香感！
另外，外觀多花點心思也會看起來更好吃……
這間工廠使用哪些香料還有技巧？可以詳細說給我聽嗎!?
グオッ
激動
喏唔!!
企劃召集人，你真是拚勁十足啊。
認真筆記
是啊！因為……
這關係到公司、商品開發3課，還有——
我自己的「未來」呀！

!!
這個香味，還有外觀……
感覺好像不賴耶？
味道跟口感……
咬下
哦！
竟然不會乾乾鬆鬆的耶!!
因為不惜血本用了大量豆漿。

不過，就零食來說甜度弱了點……
在商品化之前還有好幾道關卡。
但大家一起努力克服吧……
為了我們的商品開發3課！
好唷！
衝啊!!
もぐもぐ
嚼嚼
……
直衝
木之下——！

被、被擺了一道啦……
發生了什麼事啊？部長……
武智取締役……
被炒魷魚了！
……什麼!?
ポロ
滑落…

本人因個人因素，
將於本月底自 ODAC 離職。
武智光希
她一口氣做得太過頭了。
實際上是被「驅逐」的吧……
聽說專務對武智取締役表現太搶眼而感到擔心，跑去找社長談了。
再這樣下去，ODAC 就……
小田桐家努力經營的公司……
會被「外人」搶走啊!!

那些被她降職的人也
一直懷恨在心。
難道連重新升職
的人也是嗎？
其中啊……
「從原本以為會加害自己的人手中
接受恩惠，將會感到格外情深意重。」
但另一方面——
「新的利益並無法使得過去的
舊恨宿怨一筆勾銷。」
人的心理沒那麼
簡單劃清界線。
聽到眾人的陳情，
社長——

也害怕引發「內亂」。
多虧有妳，公司也已經完成了階段性的「改革」。
非常感謝妳的貢獻。
我相信妳……
不愁找不到其他工作吧。

可以請妳離開這裡嗎？
不……不不不!!
不是才正要開始嗎！ODAC將要改變，一舉成長呀……
但是社長最討厭紛爭啊……
聽說他也很喜歡《君王論》這本書。
!?

「君王自己扮演施恩的角色──」
『招人怨恨的工作交給其他人去做就行了。』

所以才會從外部招聘了
優秀的人才，
讓她去當「改革推
手」，「扮黑臉」——
然後就在戰火即將
引爆之前……
找個絕佳的時機
跟她切割。
……！
社長竟然想得
這麼多……
這不就是
「君王」……
該有的態度嗎？

ODAC
果然面對「世襲」的君王國……
的確很難征服嗎？

——看來，
是我沒有徹底奉行《君王論》哪。
「要保住領土，必須將舊統治者的血緣斬草除根。」

社長跟專務的叔姪關係……我以為是很薄弱的血緣。
但他終究也是創業家族成員……
看來還是有能力引發「亂事」。
「與其開創一個新的國家，」
「不如延續君王血統的世襲國家來得輕鬆。」
我向來就是這樣獨來獨往，
接下來的確也不愁找不到工作……
!?

但說起來，我在ODAC的兩年……究竟算什麼呢？
木之下課長，請你繼承我的「遺志」。
咦？
コト…
放下

請成為優秀的「君王」，將ODAC改造為最棒的國家。
這樣——
也能證明我曾在ODAC的努力。

然而——
成立到現在已經
一年半了——
卻還沒推出任何商品……
這個企劃小組也沒必要
繼續了吧。
!!
商品開發課分成三課
也超過兩年了……
一樣沒什麼顯著
的成果……
不如併回2課了吧？

……!!
在眾人都認為我是「武智派前鋒」之下——
面臨的壓力突然變得好大。

疾駛
プ
プ
ゴトンッ
ゴトッ
空咚
空咚
空咚
再這樣下去，別說遭到降職不必當課長了——
搞不好隨便用個藉口也要我離職!?
我找得到新工作嗎！
萬一慘遭開除又沒辦法馬上找到下一份工作……
君主論

我們家的生活——
這一家子該怎麼辦呢!?
還有，我率領的課萬一沒了——
也會波及他們幾個呀。
可是，只要能交出
「震撼性的成果」——
無論公司或是「課」都能繼續留下來吧

是啊……
還有最後的機會!!
雖然沒能成為武智女士的武器——
但距離商品化……
パラァ
パラァッ
距離具體成果只差一步了！
給我點建議吧《君王論》——
馬基維利，幫幫我吖！
君主論
君主論

point
5

君王主動扮演施恩的角色，招人怨恨的行為就交給其他人去做

小公司的生存之道

馬基維利也傳授了企業的「生存策略」。

即使是小公司，想要維持下去，進一步成長，千萬不要輕易跟比自家公司規模更大的對手合作。因為這樣遲早有一天會遭到併吞。

反過來說，若有企業擁有自家公司所沒有的強項，以Ｍ＆Ａ收購的策略會是有助於成長的方法。不過，在收購新領土（企業）時，新的領導者必須即刻進駐，採取「現場主義」來管理。「斷絕舊統治者的血緣」，套用之下可解釋成「徹底拔除收購公司的對抗勢力非常重要」。

此外，馬基維利也提倡迅速行動的理論。環顧現代的ＩＴ產業，像樂天這樣率先投入網路購物的企業便獲得龐大的利益。

・君王千萬不要跟比自己強大的對象結盟，攻打其他人。因為，這樣就算獲勝，也只會被對方掐在手掌心。

- 君王絕不能受制於人。
- 要保住領土，必須將舊統治者的血緣斬草除根。
- 戰爭根本無可避免，空等拖延只會讓對手得利。

聰明的領導者會巧妙避開扮黑臉的角色

巧妙避開遭人怨恨的黑臉角色，同時徹底親自實踐施恩的角色。巧妙運用這一點也是生存的祕訣。

- 新的利益並無法使得過去的舊恨宿怨一筆勾銷。
- 君王自己扮演施恩的角色。招人怨恨的工作交給其他人去做就行了。

在家族企業中不要招惹創業家族成員

日本有很多家族企業。像豐田汽車這麼大規模的企業，也是由創業家族成員來持續經營，原因就是這樣比較容易管理。

在家族企業中想要晉升，重點就是千萬別招惹創業家族成員。如果想爬到最高層，最好不要留在家族企業中，或是乾脆自行創業。

- 與其開創一個新的國家，不如延續君王血統的世襲國家來得輕鬆。

第6章

機運及力量

ODAC
——1年後。
社長室

ギ
軋……
商品開發3課開發出的
「樂卡朋」……
うかぽん
おいしくて低カロリーNewスイーツ
サクッと新食感

造成空前的熱銷啊……
激動
你幹得太好啦!!
你怎麼會有這麼棒的點子!?真希望其他部門多跟你學學……
這、這是因為……
兩位在武智女士離開公司之後……
仍然繼續讓我留在原本的工作崗位呀!
!?

這份恩情
我永遠不會忘記……
之後也還請多多提拔！
這樣啊……
原來是我們的功勞！
接下來也要在商品開發3課
為公司繼續締造佳績呀！
好的！
這是一定！
ポン
拍拍
太好了，社長！
他也成大器了呢……！

「人們往往寬以律己，從這一點下手就很容易擺平。」
這樣啊……
原來是我們的功勞！
「相較於過去，心思多半關注在當下的事物。」
接下來也要在商品開發3課為公司繼續締造佳績呀！
好的！
這是一定！
現在之所以能表現得像個課長……
也是多虧了締造「成果」。
がんばり屋
生ビール
串カツ
チューハイ

「立基於民眾，」
請多多幫忙！
「不屈服於逆境。」
「在這股勇氣與適當的行為下，」
ろかぼん
「自然能吸引民眾。」
オダック
ろかぼん
カロリーオフ

不過——
ヒック
能夠成功是因為有課長這樣的領導者吧。
「好的意見」——
「必定都是源自於君王的真知灼見。」
沒錯！
當初是因為課長下定決心，我們才跟隨……

沒錯！因為有一群好部屬打拚，才能成就這番事業！
!?
「外敵可以倚賴一群優秀的士兵跟可靠的夥伴來抵禦。」
「而且只要有優秀的士兵，自然會吸引到夥伴。」

因為「國民兵」對我不離不棄，並肩作戰——
才讓我們守住這一課。
真的很感謝大家!!
木之下課長……!

ヴヴ
着信
ヴヴ
震動
ヴヴ
電話響了……
是誰打來的呢？
!!
ヴヴ
來電
震動
ヴヴ
武智 光希
090-0015-

您……
您好，好久不見！
真是不好意思啊……
離職之後這一年來都沒跟你聯絡。
不、不會……
您應該也很忙吧？
「樂卡朋」……是商品開發3課的作品吧。
!!

可以把熱量跟糖分控制到這麼低，
卻又能保有甜度跟香味……
會暢銷也是理所當然。
カツ
真心恭喜你。
謝謝您的誇獎……
您吃過了吧！
RITTA
當然。我呢……
現在可是RITTA的取締役了。
!?

がんばり屋
那、那不是……
就是當初小田桐專務想合作的零食業界大廠……
因為中間多少需要一些交涉協調，所以這麼晚才跟你聯絡。
木之下課長……
你要不要也跳槽過來？

在一個比現在更強大的「領土」上……
成為「真正的君王」？
生ビール
串カツ
チューハイ
がんばり屋
……!!

照順序啦！
等一下！
好啦～給你玩可以了吧！
パラ…
翻閱
君
對於「新東家提出換工作的邀約」，
君主論
君主論
照理說薪水待遇跟工作條件都會比現在來得好
職位也不可能比現在的差。
可能能當個領導更多人的課長，或是更上一層樓……
RITTA
企劃開發部
部長 木之下秀斗
這絕對是個好機會。

馬基維利——
這就是我的「命運」嗎!?
「世間萬物都由運氣與上帝之手來主宰。」
「在改變命運時，」
「相較於冷靜行事的人，」

「剛猛敢衝撞的大膽性格更能控制命運！」
那麼，這次也該大膽行動嗎？
翻閱
這就是「命運」……!?
這種時候應該專心陪孩子玩才對吧……
喏
!!
又一個人抱頭苦惱啦？
呃……呵呵……
我是不會硬要你找我商量啦……

不過，無論你選擇哪條「道路」，全家人都會跟你一起走下去。
你這麼拚，要是拚過了頭……
可就不能長命百歲嘍♪
奈奈……

RISTRANTE
能夠認識武智女士，
並且成長……
還有這次獲得您不吝邀約，
或許都是「命運」。
不過……
《君王論》裡也這麼說過。

「君王若是完全仰賴命運，」
為了不因為「命運」而遭到毀滅……
「就會與命運的轉變同歸於盡。」
必須要提升自我的「力量」才行。

「維持一個國家的難易，就看君王的『力量』。」
「以能力成為君王的人，雖然征服一個國家很辛苦，」
「維持起來卻輕鬆多了。」
我認為——
自己目前的「力量」還不夠……
沒辦法成為一個與命運好好共存的君王。
「如果不先把地基打穩，」
「等到之後要打造建築物時，不僅辛苦還很危險。」

我希望留在ODAC……
在商品開發3課多多提升「力量」。
這次您提出的邀約……請容我婉拒。

嗯，其實這也是……
非常明智的選擇唷。
畢竟你跟我不同，
你選擇不同的「道路」，會成為不同類型的「君王」……
有機會……
未來有機會再一起合作吧！
伸手
一定要合作!!

ODAC
要刪減預算!?
是專務的提議嗎？這樣要怎麼讓商品更暢銷……
ピタ
振筆
木之下課長……
要開戰嗎？
以你身為第一線領導者的身分。
那當然嘍！這是為了商品開發3課……
也為了公司著想！

此刻的我，應該也具備了戰鬥的「力量」!!
カッ
咔
カッ
咔
カッ
咔
「具備能力者，」
「面對暴虐時應奪取對方的武器，」
「讓這場戰鬥速戰速決！」

課長該學的
馬基維利主義
point
6

君王的「力量」將影響維持領土的難度

培養部屬，打造強力團隊，是在商戰中生存的最終目的

前面介紹了很多「身為領導者應有的強勢行為」，但其實領導者的最終目的，就是「培養部屬，打造強力的團隊或公司，在商戰中得以生存下去」。

馬基維利的時代，在戰爭中落敗就表示君王以及多數民眾的死傷。換到現代，在商戰中落敗，公司倒閉的話，同樣會導致許多員工及其家屬受害。正因為如此，身為一名領導者必須具備某種特質，能夠吸引部屬，在栽培部屬之際，還得隨持繃緊神經，在商戰中存活。

・立基於民眾，不屈服於逆境。在這股勇氣與適當的行為下，自然能吸引民眾。

・外敵可以倚賴一群優秀的士兵跟可靠的夥伴來抵禦。而且只要有優秀的士兵，自然會吸引到夥伴。

提升自己的力量，掌控命運

沒有力量的人若當上領導者，會導致國家或公司滅亡。

馬基維利對於領導者的「力量」也有相當嚴格的論述。

提高自己的力量，是成為一名幹練領導者的大前提。

此外，馬基維利在提出「有行動力的人能掌控命運」的同時，也說了「若是完全仰賴命運，將會與命運的轉變同歸於盡」。

也就是說，「唯有持續提升自己的力量，並具備熱切行動力與冷靜判斷力的領導者，才能存活下來」。

- 好的意見，必定都是源自於君王的真知灼見。
- 以能力成為君王的人，雖然征服一個國家很辛苦，維持起來卻輕鬆多了。
- 如果不先把地基打穩，等到之後要打造建築物時，不僅辛苦還很危險。
- 世間萬物都由運氣與上帝之手來主宰。在改變命運時，相較於冷靜行事的人，剛猛敢衝撞的大膽性格更能控制命運！
- 君王若是完全仰賴命運，就會與命運的轉變同歸於盡。

參考文獻

馬基維利　大岩誠譯《君王論》角川 Sophia 文庫　二〇一二年

馬基維利　池田廉譯《新譯　君王論》中公文庫　一九九五年

馬基維利　佐佐木毅全譯註《君王論》講談社學術文庫　二〇〇四年

馬基維利　河島英昭譯《君王論》岩波文庫　一九九八年

塩野七生《馬基維利語錄》新潮文庫　一九九二年

本鄉陽二《超譯　馬基維利名言》ＰＨＰ新書　二〇一一年

鹿島茂《社長要看的馬基維利入門》中公文庫　二〇〇六年

馬基維利《用漫畫徹底解讀　君王論》East Press 二〇〇八年

赤塚不二夫《君王論》鑽石社　一九八七年

馬基維利　渡部昇一監譯《「君王論」的五十五條要訣》三笠書房　知性與生活文庫　二〇一一年

酒卷久《向彼得杜拉克學經營》朝日新聞出版社　二〇一一年

酒卷久《辨識力》朝日新聞出版社　二〇一五年

NICCOLÒ MACHIAVELLI, *The Prince*, DOVER THRIFT EDITIONS, 1992

圖解

漫畫 征服人心，先抓住人性的《君王論》

：馬基維利親授，笑傲職場的主管生存術

2017年5月初版　　定價：新臺幣250元

有著作權・翻印必究

Printed in Taiwan.

原著者	Niccolo Machiavelli
劇本	青木健生
漫畫	幸田廣信
譯者	葉韋利
總編輯	胡金倫
總經理	羅國俊
發行人	林載爵
叢書主編	李佳姍
校對	陳榆沁
封面設計	Kevin Chu

出版者	聯經出版事業股份有限公司
地址	台北市基隆路一段180號4樓
編輯部地址	台北市基隆路一段180號4樓
叢書主編電話	(02)87876242轉229
台北聯經書房	台北市新生南路三段94號
電話	(02)23620308
台中分公司	台中市北區崇德路一段198號
暨門市電話	(04)22312023
台中電子信箱	e-mail：linking2@ms42.hinet.net
郵政劃撥帳戶	第0100559-3號
郵撥電話	(02)23620308
印刷者	文聯彩色製版印刷有限公司
總經銷	聯合發行股份有限公司
發行所	新北市新店區寶橋路235巷6弄6號2樓
電話	(02)29178022

行政院新聞局出版事業登記證局版臺業字第0130號

本書如有缺頁，破損，倒裝請寄回台北聯經書房更換。　ISBN 978-957-08-4950-9 (平裝)

聯經網址：www.linkingbooks.com.tw

電子信箱：linking@udngroup.com

MANGA DE DENJUU KACHOU NO TAME NO "KUNSHU-RON"
BY NICCOLO MACHIAVELLI, TAKEO AOKI and HIRONOBU KOUDA
Copyright © 2016 NICCOLO MACHIAVELLI, TAKEO AOKI and HIRONOBU KOUDA
All rights reserved.
Original Japanese edition published by Asahi Shimbun Publications Inc., Japan
Chinese translation rights in complex characters arranged with Asahi Shimbun Publications Inc., Japan through BARDON-Chinese Media Agency, Taipei.
Complex Chinese edition © Linking Publishing Co. 2017

國家圖書館出版品預行編目資料

漫畫 征服人心，先抓住人性的《君王論》：馬基維利親授，笑傲職場的主管生存術/ Niccolo Machiavelli著．青木健生劇本．葉韋利譯．初版．臺北市．聯經．2017年5月（民106年）．192面．14.8×21公分（圖解）

ISBN 978-957-08-4950-9（平裝）

1.職場成功法　2.漫畫

494.35　　106007154